44

Einzigartige Aurelio-Sterne

Aus Einzelteilen ein großes Ganzes schaffen, aus einem Basis-Modul verschiedene Formen gestalten, flaches Papier durch Falten und Kleben zu einem Körper zusammenfügen – all das macht die 3-D-Sterne in diesem Buch so faszinierend.

Diese neuen Sternkreationen werden Origami-Fans genauso begeistern wie alle, die stimmungsvolle Weihnachtsdeko lieben. Das Zusammenbauen der Sterne ist nämlich genauso spannend wie das Ergebnis schön ist.

Neu sind dieses Mal einige Variationen des beliebten Aurelio-Sterns, der mittlerweile einen festen Platz in den Herzen vieler Sternefans eingenommen hat. Ebenfalls neu hinzugekommen sind zwei Sterne mit unterschiedlich gefalteten Basis-Modulen, die durch weitere Faltvarianten überraschen.

Ob ganz groß oder ganz klein, mit mehr oder weniger Zacken, in Bunt, Gold oder Creme-Weiß: Ein plastischer Stern ist immer ein toller Blickfang.

Viel Spaß beim Falten und Dekorieren wünschen Ihnen

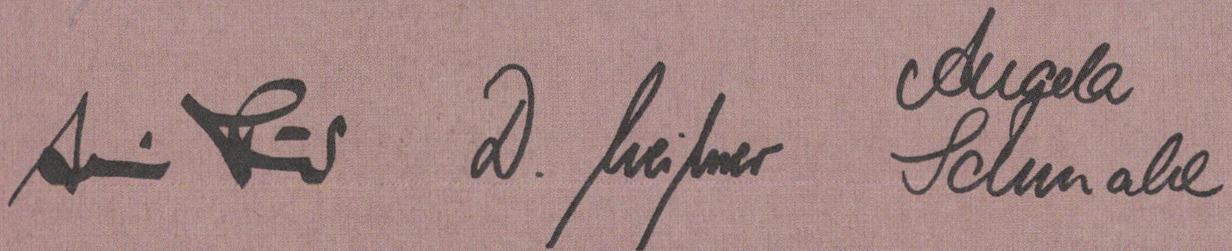

Kleine Aurelio-Sterne

zauberhafte Kostbarkeiten in Lilatönen

STERNDURCH-MESSER
ca. 17–20 cm

MATERIAL

STERN IN FLIEDER UND SILBER
* je 6 Blatt gemustertes Papier in Flieder und Silber, 15 cm x 15 cm

STERN IN ROSA
* 12 Blatt Origamipapier in Rosa, 15 cm x 15 cm
* selbstklebende Sterne in Silber

STERN IN VIOLETT
* 12 Blatt gemustertes Papier in Violett, 12 cm x 12 cm

1 Die Module wie auf den Umschlagseiten beschrieben falten. Für die Sterne in Violett sowie in Flieder und Silber auch den Abschnitt „Module aus festerem Papier kleben" berücksichtigen.

2 Drei Module zusammenkleben.

2

3 Das vierte Modul einfügen und am besten mit Klammern sichern.

3a

3b

4 Die Form zu einem Viererstern falten.

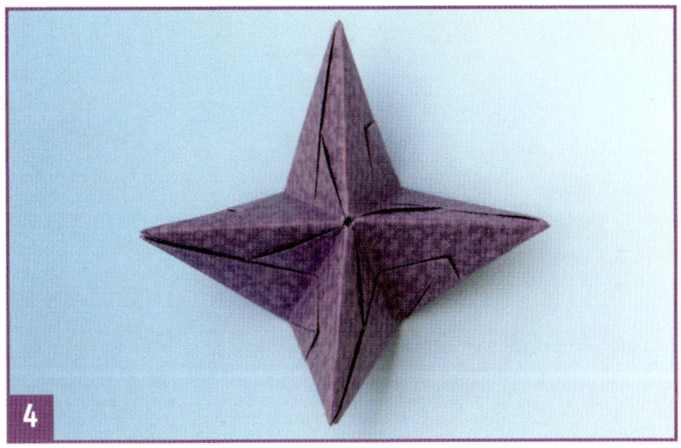

4

5 Seitlich ein Modul ankleben und drei weitere Module ergänzen.

5a

5b

Weiter geht es auf Seite 8

6 Die Windmühlenform wenden. Einen Seitenflügel nach innen klappen, zu einem Zacken kleben und mit einer Klammer fixieren. Die drei anderen Zacken ebenso arbeiten.

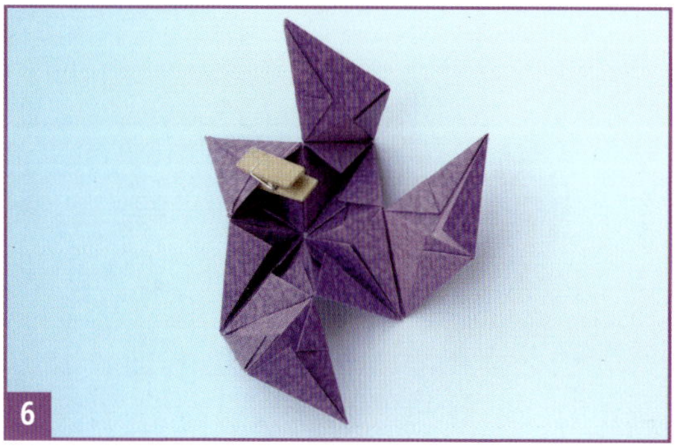

6

7 An einem Zacken eines der Module ankleben. Die restlichen drei Module ergänzen.

7a

7b

8 Ein seitlich angeklebtes Modul am benachbarten Zacken ankleben und mit einer Klammer fixieren. Mit den anderen drei Modulen wiederholen.

8

9 Die Klammern abnehmen, die vier Seiten zur Mitte führen und vier Zacken kleben.

9a

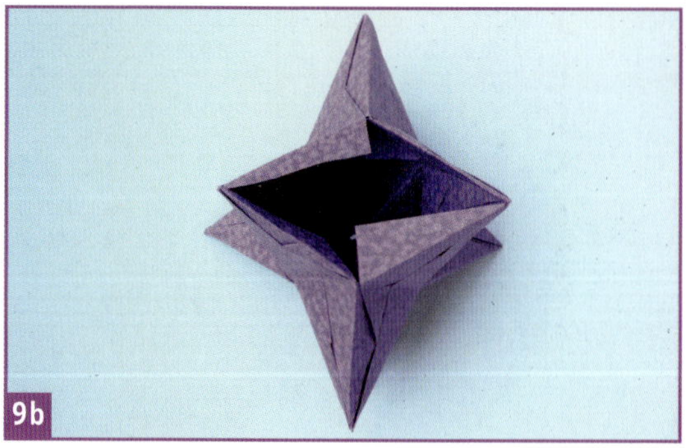

9b

Großer Aurelio-Stern

in Gelb, Orange und Rot

STERNDURCHMESSER
ca. 20 cm

MATERIAL
* je 10 Blatt Origamipapier in Gelb, Orange und Rot, 15 cm x 15 cm

Um den systematischen Aufbau des Sterns zu verdeutlichen, wird er hier in sechs Modulringen dargestellt. Immer fünf Module bilden einen Ring.

Hinweis: Sie können den Stern auch Zacken für Zacken arbeiten. Einen Zacken aus drei Modulen fertigen, zwei weitere Module anfügen und so den zweiten Zacken fertigen. Weitere drei Zacken anfügen, sodass eine Rosette aus fünf Zacken entsteht. Fortfahren, bis alle Module aufgebraucht sind. Es sollten dann, egal wie der Stern gedreht wird, immer Rosetten aus fünf Zacken zu sehen sein.

Erster Modulring in Gelb

1 Eines der Klebedreiecke des ersten Moduls aufklappen, mit Klebstoff bestreichen und in einen der Schlitze des zweiten Moduls stecken.

1

2 Das dritte Modul einstecken, sodass es den Zwischenraum zwischen den beiden Zacken füllt.

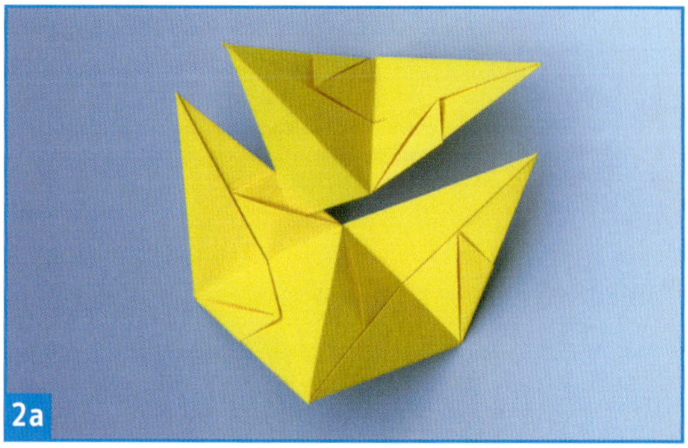

2a

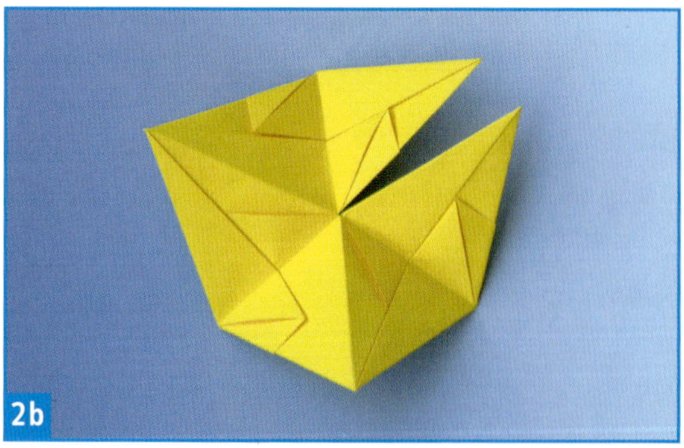

2b

3 Das vierte Modul auf die gleiche Weise ergänzen.

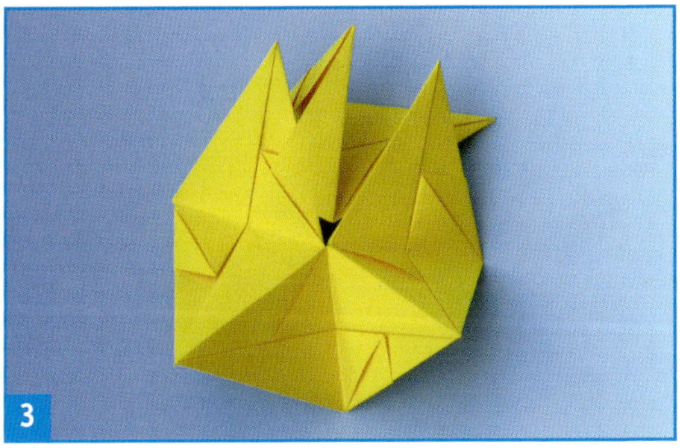
3

4 Schließlich das fünfte Modul einstecken, sodass eine geschlossene Sternform entsteht.

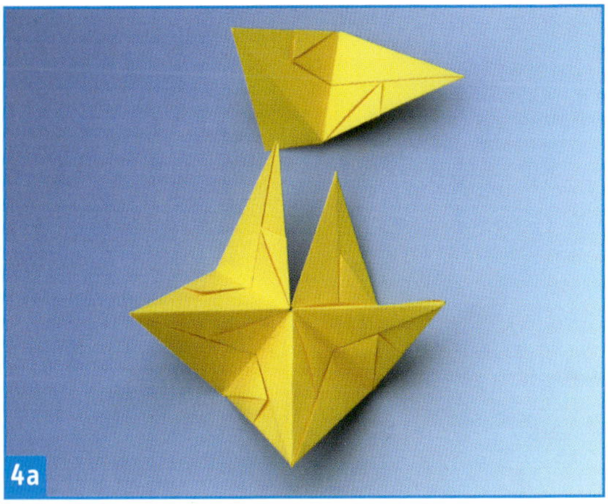
4a

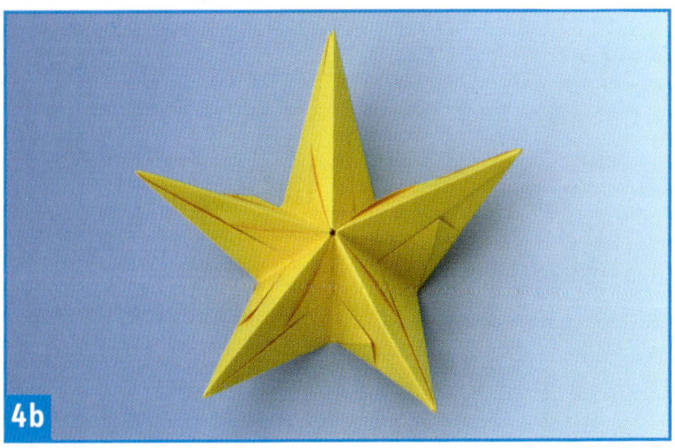
4b

Zweiter Modulring in Orange

1 Beim ersten orangefarbenen Modul des zweiten Rings das Klebedreieck aufklappen, auf der Rückseite mit Klebstoff bestreichen und in den Schlitz eines gelben Moduls des ersten Rings stecken.

1

2 Ein zweites Modul ebenso befestigen.

2

3 Die anderen Module anbringen.

3

4 Die windmühlenartige Form wenden.

5 Ein gelbes Klebedreieck des ersten Modulrings aufklappen und mit Klebstoff bestreichen. Das gegenüberliegende orangefarbene Modul umklappen und das gelbe Klebedreieck in den Schlitz dieses Moduls stecken. Der erste Zacken ist nun fertig. Um die restlichen vier Zacken zu bilden, die Schritte viermal wiederholen.

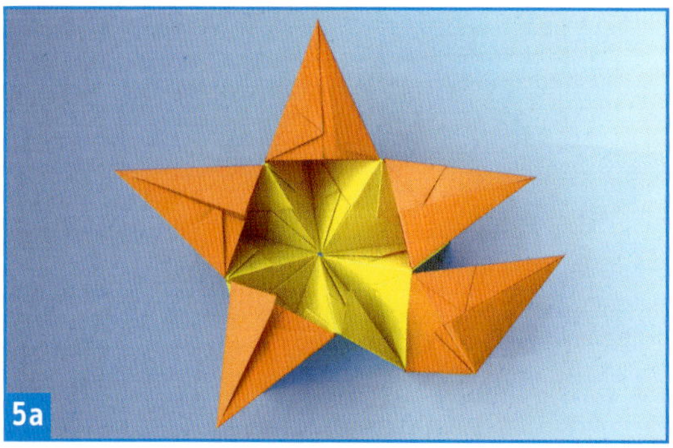

6 So sieht die Rückseite aus.

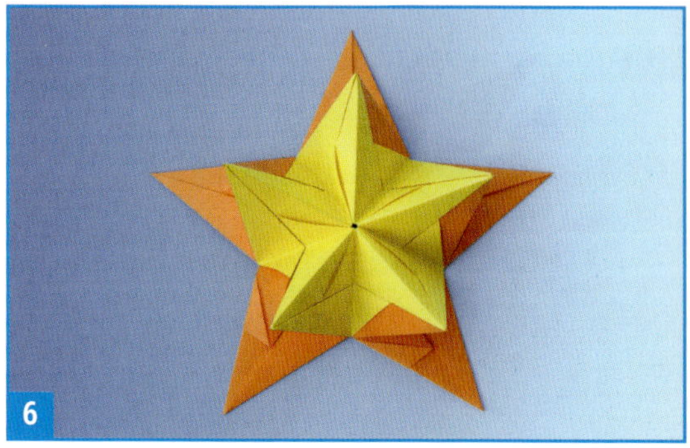

Dritter Modulring in Rot

1 Das Klebedreieck des ersten roten Moduls aufklappen, auf der Rückseite mit Klebstoff bestreichen und in den Schlitz eines orangefarbenen Moduls des zweiten Rings stecken.

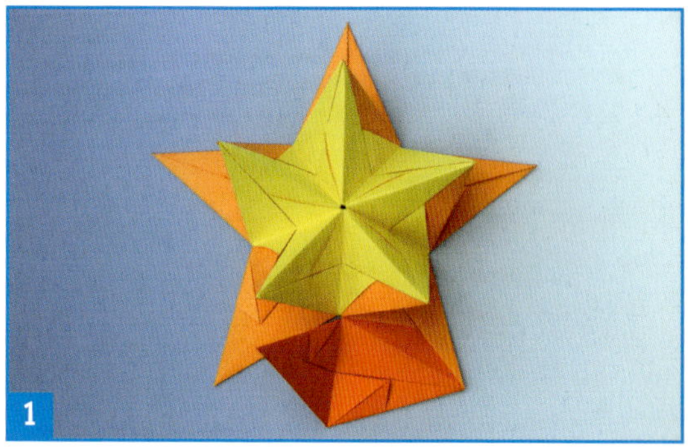

2 Vier weitere rote Module ebenso befestigen.

3 So sieht die entstandene Form auf der Rückseite aus. Zum Weiterarbeiten wieder wenden.

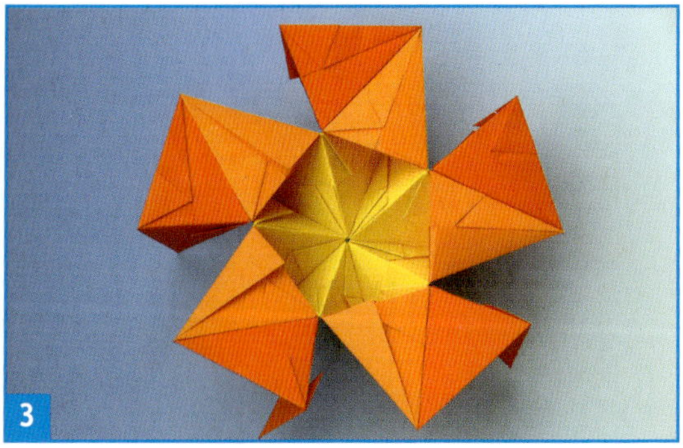

3

Vierter Modulring in Rot

1 Das Klebedreieck der ersten Moduls des vierten Rings in den Schlitz eines roten Moduls des dritten Rings stecken.

1

2 Die Form wenden und das Klebedreieck des orangefarbenen Moduls des zweiten Rings in den Schlitz des zuletzt angeklebten roten Moduls stecken. So entsteht der sechste Zacken (auf der Abbildung 2 oben in der Mitte).

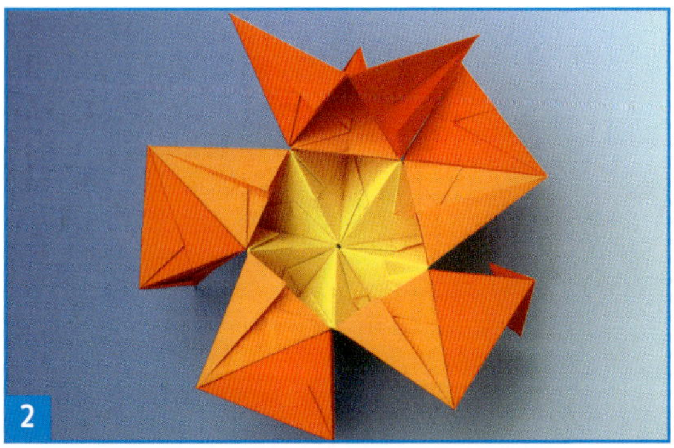

2

3 Ringsum an den restlichen vier roten Modulen des dritten Rings jeweils ein weiteres rotes Modul ankleben. Wie in Schritt 2 beschrieben vier weitere Zacken zusammenstecken. Jetzt hat der Stern bereits zehn plastische Zacken.

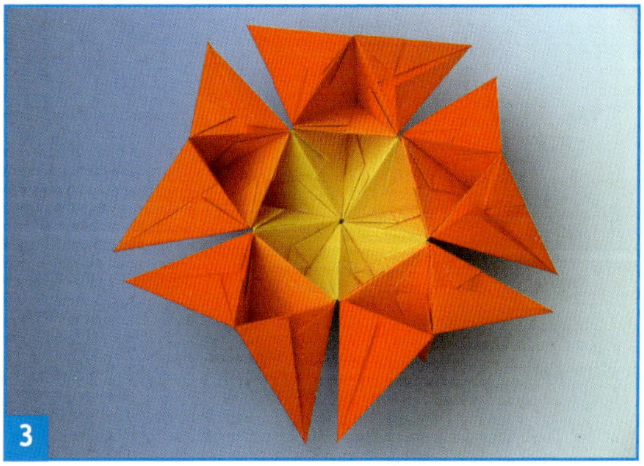

3

4 Zwei nebeneinanderliegende rote Dreiecke zusammenstecken und -kleben.

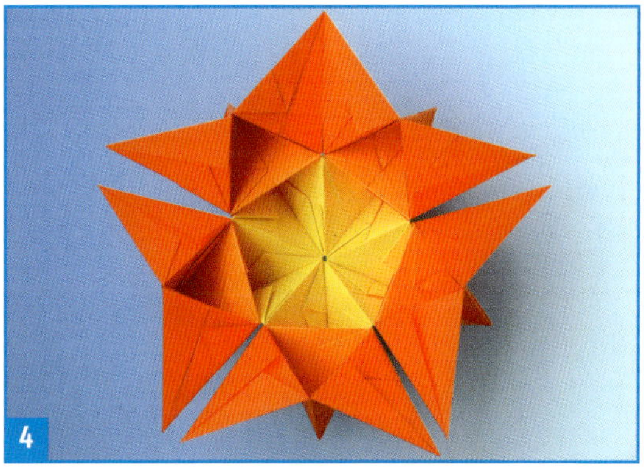

4

Hinweis: Alternativ können auch alle Module des vierten Rings auf einmal angeklebt und erst dann die Zacken zusammengesteckt werden (siehe Anleitung auf DVD).

Weiter geht es auf Seite 14

5 Den Vorgang ringsum wiederholen.

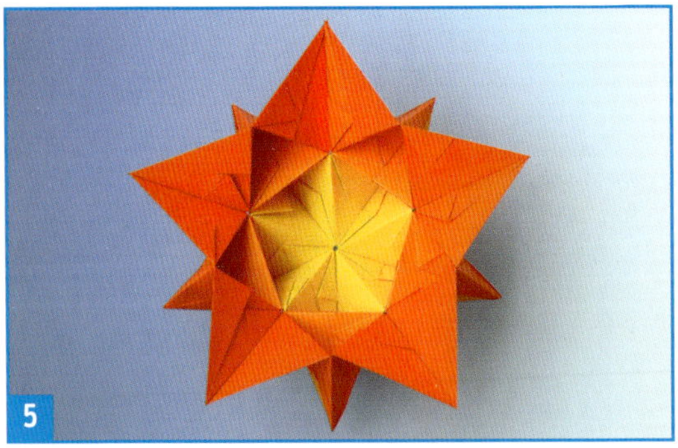

5

Fünfter Modulring in Orange

1 Das Klebedreieck des ersten orangefarbenen Moduls in den Schlitz eines roten Moduls des vierten Rings stecken.

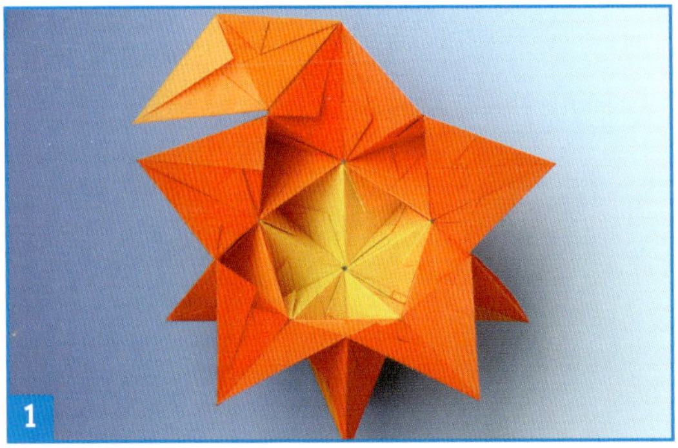

1

2 Die restlichen vier orangefarbenen Module ebenso anbringen.

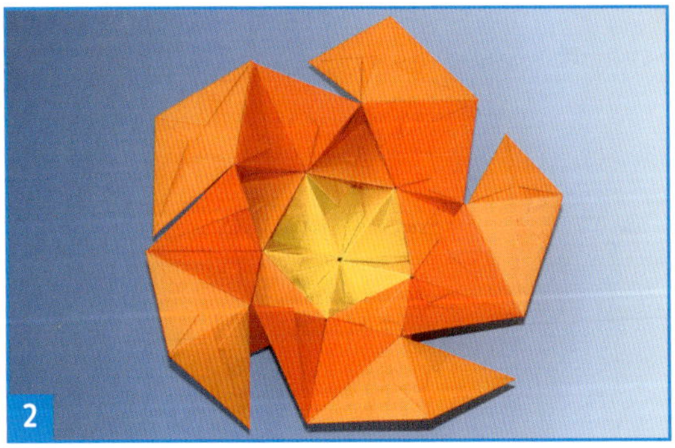

2

3 Das auf der Abbildung oberste orangefarbene Modul von links nach rechts über die aus zwei roten Modulen bestehende breite Spitze klappen und einen Zacken, den elften Zacken, fertigen.

3

4 Ringsum mit den restlichen vier orangefarbenen Modulen ebenso verfahren, bis insgesamt fünfzehn Zacken fertig sind.

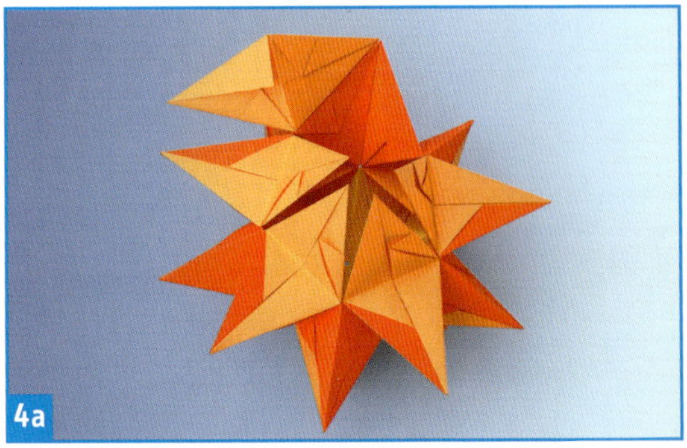

4a

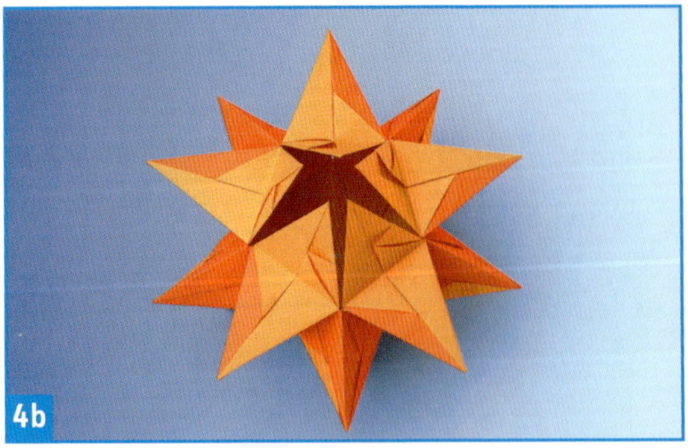

4b

Sechster Modulring in Gelb

1 Das Klebedreieck des ersten gelben Moduls in einen Schlitz des fünften Rings einstecken.

1

2 Die restlichen Module ebenso anbringen.

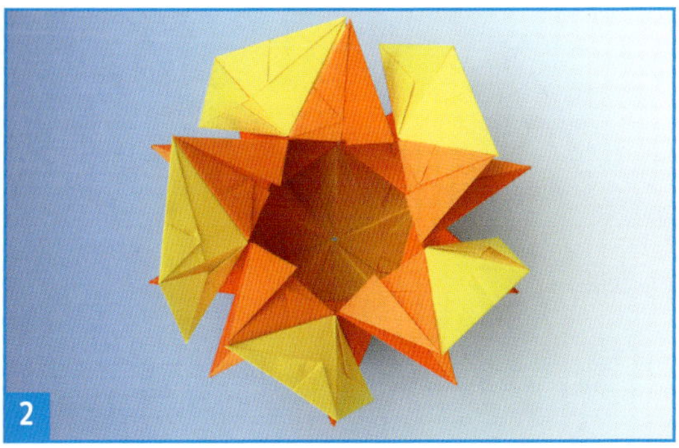
2

3 Vom fünften Ring ein orangefarbenes Klebedreieck in den Schlitz des benachbarten gelben Moduls stecken. Ringsum viermal wiederholen. An der Oberseite entsteht so eine Öffnung in Form eines Sterns.

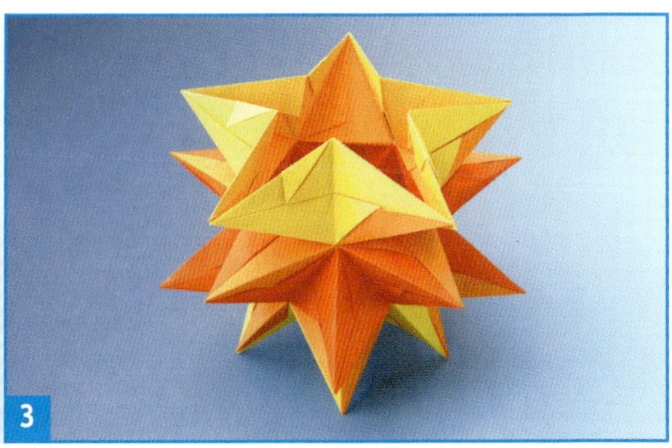
3

4 Die Klebedreiecke der gelben Module aufklappen.

4

5 Die Klebedreiecke jeweils in die Schlitze der benachbarten gelben Module stecken. Unbedingt darauf achten, dass die noch freien Klebedreiecke immer nach oben zeigen, denn sobald die Öffnung geschlossen wird, können sie nicht mehr aufgeklappt werden. Bevor der letzte Zacken, der zwanzigste Zacken, geklebt wird, noch den Aufhängefaden anbringen.

5a

5b

Das ornamentale Muster verleiht dem Stern eine leichte, fröhliche Anmutung. Auch über die Adventszeit hinaus ist er ein toller Blickfang in Ihrem Zuhause.

Lila Eleganz

festlich

STERNDURCHMESSER
ca. 20 cm

MATERIAL

* 30 Faltblätter Violetta in Lila, 15 cm x 15 cm

Den Stern wie in der Beschreibung des Aurelio-Sterns auf Seite 9–15 arbeiten.

Mein Tipp für Sie

Sterne kleiner arbeiten
Wenn Sie den Stern aus diesem Papier etwas kleiner ausarbeiten wollen, z. B. in 10 cm x 10 cm, verliert er nichts von seiner Leichtigkeit. Armin Täubner

Kleine Sternanhänger

aus sieben Modulen

STERNHÖHE
ca. 10,5 cm

MATERIAL
* 7 Faltblätter Fancy in Weiß mit bunten Schneekristallen, 10 cm x 10 cm
* Vorstechnadel
* Silberfaden

1 Gemäß der Beschreibung auf den Umschlagseiten aus den Faltblättern sieben Aurelio-Module falten.

2 Zwei Module so auf den Tisch legen, dass eine Modulhälfte auf dem Tisch aufliegt und die andere senkrecht nach oben steht. Die senkrecht nach oben stehenden Hälften aneinanderschieben und die Randstreifen um das Nachbarmodul klappen und in den Schlitz einkleben.

2a

2b

2c

3 Die restlichen fünf Module auf dieselbe Weise anbringen.

3a

3b

4 Nun das erste und das letzte Modul miteinander verbinden und so den Stern schließen. Einen Zacken mit der Vorstechnadel durchstechen und den Aufhängefaden durchziehen. Fertig!

4

Einfache Sterne in Blau und Weiß

schlicht und effektvoll

STERNDURCHMESSER
ca. 14 cm und 26 cm

MATERIAL
* 10 Faltblätter in Hell- oder Dunkelblau, 10 cm x 10 cm
* 8 Faltblätter in Weiß, 10 cm x 10 cm
* 10 Faltblätter in Mittelblau, 15 cm x 15 cm

1 Die Module wie auf den Umschlagseiten beschrieben falten. Dabei auch den Abschnitt „Module aus festerem Papier kleben" berücksichtigen.

2 Zwei Module zusammenstecken. Zwei bzw. drei weitere Module ergänzen, sodass ein vier- bzw. fünfzackiger Stern entsteht. Noch einen weiteren identischen Stern fertigen.

2a

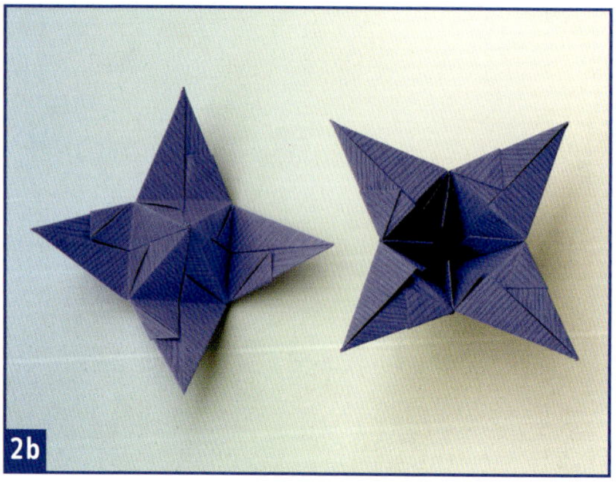
2b

3 Beide Sterne Rücken an Rücken aufeinanderkleben. Etwas aufwändiger ist es, wenn die Klebedreiecke um den Zackenrand herumgezogen und in den Schlitz des Zackens des zweiten Sterns gesteckt und geklebt werden.

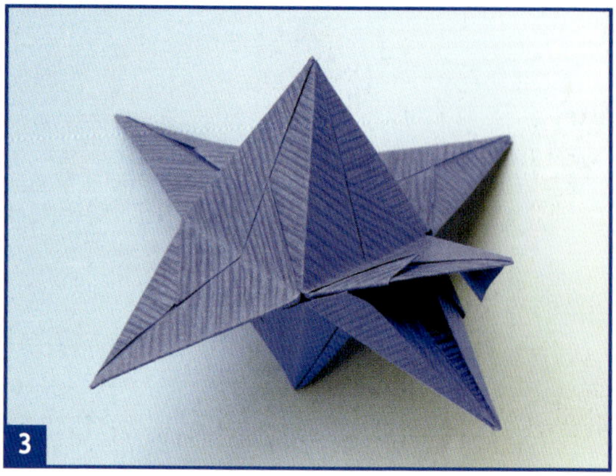
3

4 Alternativ können die beiden Sterne auch versetzt aufeinandergeklebt werden. Dazu die Sterne zuerst mit Klammern in die richtige Position bringen. Zwei Klammern entfernen, einen Zacken hochklappen, Klebstoff auftragen und wieder mit Klammern sichern. Mit den anderen Zacken ebenso verfahren. Hier wurden die fünfzackigen Sterne Rücken an Rücken (dunkel- und hellblau) bzw. der vierzackige Stern versetzt (weiß) aufeinandergeklebt.
Der mittelblaue Stern besteht aus zwei fünfzackigen Sternen, die versetzt aufeinandergeklebt werden.

Anhänger in Rot-Weiß

mal etwas anderes

ANHÄNGERHÖHE
ca. 8 cm oder 9,5 cm

MATERIAL
* je 2 oder je 3 Faltblätter in Rot und Weiß, 10 cm x 10 cm
* Häkelgarn in Weiß oder Silber, ø 1 mm, ca. 60 cm lang
* kleine Perle

1 Falten Sie zunächst zwei weiße und zwei rote Aurelio-Module wie auf der Umschlagseite vorn beschrieben. Im Gegensatz zu den „normalen Aurelio-Modulen" wird hier allerdings der letzte Faltschritt in entgegengesetzter Richtung ausgeführt! Das heißt, bis zur fertig gefalteten Raute ist alles gleich. Dann wird beim „normalen Aurelio-Modul" die Raute gewendet und die obere Rautenhälfte nach unten geklappt. Bei den Anhängern wird die Raute nicht gewendet, sondern sofort nach unten geklappt.

2 Ein weißes und ein rotes Modul nebeneinanderlegen. Den Randstreifen des weißen Moduls rechts unten in den Schlitz des roten Moduls einkleben.

2

3 Den Randstreifen des roten Moduls links oben in den Schlitz des weißen Moduls kleben.

3

4 Auf der rechten Seite wird noch ein weiteres weißes Modul eingesteckt und angeklebt.

4

5 Hier ist das vierte Modul eingesteckt und angeklebt, aber noch nicht geschlossen. Jetzt wird die Perle auf den Faden aufgezogen und die Fadenenden verknotet. Die Perle in den Anhänger einlegen.

5

6 Das Modul schließen.

6

Zauberhafte Lichterkette

mit Sternen aus 30 Modulen

STERNDURCH-MESSER
ca. 11 cm

MATERIAL
PRO STERN

* 30 Blatt Lampenpapier in Weiß, 8,5 cm x 8,5 cm (17 cm x 17 cm, geviertelt)
* Fotokleber

ZUSÄTZLICH

* Lichterkette

1 Die Sterne wie in der Arbeitsanleitung für den Aurelio-Stern auf Seite 9–15 beschrieben zusammensetzen. Beim sechsten Modulring nur vier Module ankleben und den Stern soweit fertigstellen, dass nur noch das letzte Modul eingefügt werden muss.

1

2 Das letzte Modul einfügen und zunächst nur mit zwei Klebedreiecken befestigen. Eine Fassung der Lichterkette einlegen.

2

3 Die beiden anderen Klebedreiecke einstecken oder mit Fotokleber von außen, ohne sie in die Schlitze zu stecken, fixieren.

3

Festliche Sternschalen

für Süßes und andere Kleinigkeiten

STERN-DURCH-MESSER
ca. 23 cm

MATERIAL
* 12 Faltblätter Glücksstern in Rot-Weiß kariert, 10 cm x 10 cm

1 Falten Sie aus den Faltblättern zunächst 12 Aurelio-Module wie auf der vorderen Umschlagseite beschrieben.

2 Zwei Module so auf den Tisch legen, dass eine Modulhälfte auf dem Tisch aufliegt und die andere senkrecht nach oben steht. Die senkrecht nach oben stehenden Hälften aneinanderschieben und den Randstreifen vom rechten Modul in den Schlitz des linken Moduls kleben.

3 Das dritte Modul von rechts in das zweite Modul stecken und ankleben.

4 Das vierte und fünfte Modul anbringen.

5 Das sechste Modul anbringen und dann den Stern schließen.

6 Den Stern wenden und an einem nach oben offenen Zacken das siebte Modul mit einem Randstreifen einkleben.

7 Den nach oben offenen Zacken schließen, indem das siebte Modul umgeklappt und der Randstreifen eingeklebt wird. Rechts daneben das achte Modul anbringen.

8 Die restlichen vier Module anbringen.

9 So sieht die Sternschale aus, wenn man sie wendet.

Das glänzende Papier in festlichem Silber verleiht diesem großen Stern eine ganz besonders edle Anmutung.

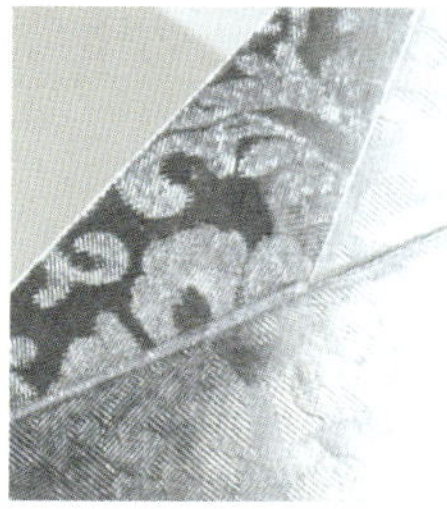

Glanzvoller Auftritt

in Silber

STERNDURCHMESSER
ca. 20 cm

MATERIAL
* 30 Faltblätter Starlet in Silber, 15 cm x 15 cm

Den Stern wie in der Beschreibung des Aurelio-Sterns auf Seite 9–15 arbeiten.

Der Sessanta-Stern

ein Kunstwerk mit 60 Zacken

1 Das Papierquadrat zweimal diagonal in der Mitte falten und wieder öffnen. Beide rechten Kanten auf die Diagonale falten und wieder öffnen.

2 Nun beide Kanten gleichzeitig wieder zur Diagonalen falten. Die links und rechts entstandenen Dreiecke dabei im Gegenbruch nach innen drücken und Kante auf Kante falten. Die entstandene Spitze nach rechts falten und die rechte untere Kante auf die senkrechte Kante falten.

3 Die obere Kante ebenfalls auf die senkrechte Kante falten und wieder öffnen. Dies ist die Klebefläche. Die Schritte 1–3 auf der anderen Seite wiederholen. Danach das Modul wenden, die obere Spitze auf die untere falten und wieder öffnen.

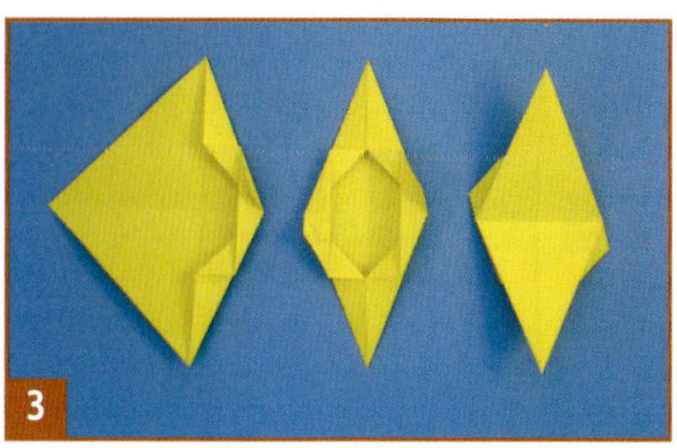

4 Gegenüber der Klebefläche befindet sich ein kleiner Schlitz, in den das zweite Modul geklebt wird.

5 So sieht der erste Modulring aus. Aus 30 Modulen, die genauso zusammengesetzt werden wie beim Aurelio-Stern auf Seite 9–15, entsteht dieser wunderschöne Stern.

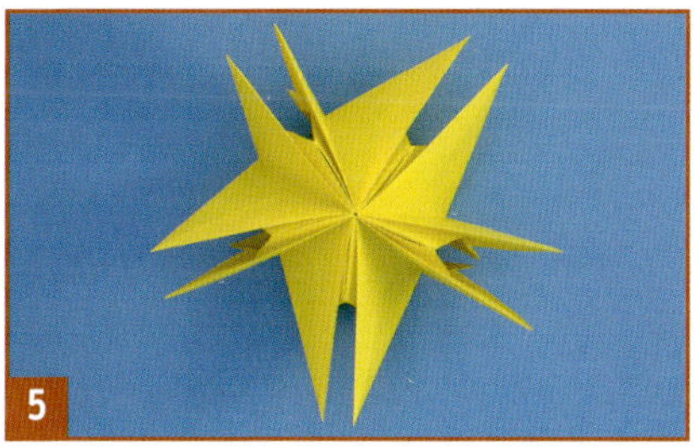

STERN-DURCHMESSER
ca. 17–22 cm

MATERIAL

STERN IN ROT

* 30 Faltblätter Marrakesch in Rot, 10 cm x 10 cm (aus 8 20 cm x 20 cm großen Faltblättern zugeschnitten)

STERN IN BEIGE

* 30 Faltblätter Shimmer Paper Tunis in Beige-Gold, 7,5 cm x 7,5 cm (aus 8 15 cm x 15 cm großen Faltblättern zugeschnitten)

Mein Tipp für Sie

Nach Weihnachten Wenn die Weihnachtszeit vorüber ist, man sich aber von seinem Stern noch nicht verabschieden möchte, wird daraus ganz schnell eine Blumenkugel. Dabei einfach die Spitzen auf einen Stift aufrollen und wieder lösen. So kann Sie der „Stern" das ganze Jahr über begleiten. Angela Schmahl

Stern in Violett

einfach, aber edel

STERNDURCHMESSER
ca. 18 cm

MATERIAL
* 30 Faltblätter Violetta in Lila, 7,5 cm x 7,5 cm (aus 8 15 cm x 15 cm großen Faltblättern zugeschnitten)
* evtl. Wäscheklammern

1 Den Stern wie in der Beschreibung des Sessanta-Sterns auf Seite 30/31 anfertigen.

2 Nachdem Sie den Stern zusammengesetzt haben, kleben Sie die sich gegenüberliegenden Spitzen mit einem kleinen Klecks Alleskleber zusammen. Nehmen Sie zum besseren Fixieren der beiden Spitzen kleine Wäscheklammern zu Hilfe. Sobald der Klebstoff getrocknet ist, können die Klammern entfernt werden.

Mein Tipp für Sie

Variationen möglich Die offenen Spitzen des Sessanta-Sterns laden zum Experimentieren ein. Werden Sie selbst kreativ und entdecken Sie weitere Falt-Variationen. Dabei können nicht nur weihnachtliche Formen entstehen (Beispiel siehe Seite 31).

Angela Schmahl

Beeindruckende Eiskristall-Kugeln

frostig schön

STERNDURCHMESSER
ca. 19 cm

MATERIAL
* 30 Faltblätter Eisblume in Weiß-Türkis, 10 cm x 10 cm (aus 8 20 cm x 20 cm großen Faltblättern zugeschnitten)
* 30 Faltblätter Fancy in Weiß mit bunten Eiskristallen, 10 cm x 10 cm

1 Zunächst gemäß der Anleitung auf Seite 31 (Schritt 1–3) insgesamt 30 Basismodule anfertigen.

2 Das Modul mit der Rückseite nach oben legen und die Spitze entlang der Kante einmal nach rechts und einmal nach links falten. Die Faltung danach wieder öffnen.
Die beidseitig entstandenen Dreiecke im Gegenbruch nach innen falten. So sieht das Modul nun auf der Vorderseite aus.

2

3 Das Modul wieder mit der Rückseite nach oben legen und die entstandene Spitze nach unten drücken. Den oberen Teil nun an der Kante nach hinten falten.
Die gleichen Schritte auch auf der anderen Seite wiederholen und das Modul wieder mit der Vorderseite nach oben legen.

3

4 Danach die Module wie beim Aurelio-Stern auf Seite 9–15 zur Eiskristall-Kugel zusammensetzen.

Mein Tipp für Sie

Variante möglich Auch hier können die gegenüberliegenden Spitzen miteinander verklebt werden (siehe Stern in Violett auf Seite 33).

Angela Schmahl

Prachtvoller Stern

in goldenem Glanz

STERNDURCHMESSER
ca. 21 cm

MATERIAL
* 30 Faltblätter Madras in Beige-Gold, 10 cm x 10 cm (aus 8 20 cm x 20 cm großen Faltblättern zugeschnitten)

1 Zunächst gemäß der Anleitung auf Seite 31 (Schritt 1–3) insgesamt 30 Basismodule anfertigen.

2 Das Modul der Länge nach in der Mitte falten. Die obere und untere Spitze an der Kante nach rechts falten und danach wieder alle Faltungen öffnen.

2

3 Das Modul mit der Rückseite nach oben legen und die Spitzen an den entstandenen Hilfslinien nach oben falten. Nun das Modul wieder mit der Rückseite nach unten legen.

3

4 Danach die Module wie beim Aurelio-Stern auf Seite 9–15 zum Stern zusammensetzen.

Außergewöhnlicher Kugelstern

auch nach Weihnachten schön

STERNDURCHMESSER
ca. 17 cm

MATERIAL
* 30 Elefantenhaut-Faltblätter in Orange, 10 cm x 10 cm

1 Zunächst gemäß der Anleitung auf Seite 31 (Schritt 1–3) insgesamt 30 Basismodule anfertigen.

2 Danach jedes Modul mit der Vorderseite nach oben in die Hand nehmen und dabei die Spitze an der Kante nach unten falten. Nun die Spitze zur Kante hoch falten. Die letzten beiden Faltungen wieder öffnen, die Spitze leicht öffnen und diese dabei an der oberen Hilfslinie nach innen stülpen.

2

3 Die entstandene Lasche erneut bis zur Kante nach unten falten. Die untere Kante nach oben auf die obere Kante falten. Die Schritte 2 und 3 auf der anderen Seite wiederholen.

3

4 Danach die Module wie beim Aurelio-Stern auf Seite 9–15 zum Stern zusammensetzen. Zuletzt fixieren Sie die sich gegenüberliegenden Flügel an den Spitzen miteinander.

Eiskristallvariation

mit kühlem Charme

STERNDURCHMESSER
ca. 20 cm

MATERIAL
* 30 Faltblätter in Weiß-Grau marmoriert, 10 cm x 10 cm

1 Zunächst gemäß der Anleitung auf Seite 31 (Schritt 1–3) insgesamt 30 Basismodule anfertigen.

2 Nun die Modulspitze mittig bis zur nächsten Kante einschneiden. Danach das Modul mit der Rückseite nach oben auf die Arbeitsfläche legen und die entstandenen Spitzen (sind nun zwei pro Seite) an derselben Kante entlang nach außen falten. Die Spitzen an der daruntenliegenden Kante wieder nach oben falten.

2

3 Die letzten beiden Faltungen wieder rückgängig machen, die Spitzen öffnen und an der zuerst ausgeführten Faltlinie nach außen umfalten. Danach die Spitzen an der zweiten Faltlinie nach innen bzw. oben stülpen.

3

4 Die Schritte 2 und 3 auch auf der anderen Seite wiederholen. Danach die Module wie beim Aurelio-Stern auf Seite 9–15 zum Stern zusammensetzen.

4

Mein Tipp für Sie

Dekoration In einer Schale mit weißem Dekokies wirkt diese Eiskristallvariation besonders winterlich.

Adventskalenderkugel

mit kleinen Wünschen bestückt

STERNDURCHMESSER
ca. 25 cm

MATERIAL

* 10 Faltblätter Shimmer paper Tunis in Beige-Gold, 15 cm x 15 cm
* 20 Faltblätter Fleur d'or, 15 cm x 15 cm
* Faltblätter oder Geschenkpapier in Rot- oder Naturtönen, 7,5 cm x 7,5 cm (für die Gutscheine)
* Tonkartonrest in Dunkelrot
* Organzaband in Natur, 7 mm breit, 7,20 m lang
* Motivlocher: Stern, ø 2,5 cm
* Lochzange
* Lackmalstift in Gold extra fein

1 Falten Sie zunächst 30 Module wie beim außergewöhnlichen Kugelstern auf Seite 38/39 beschrieben.

2 Danach die Module wie beim Aurelio-Stern auf Seite 9–15 zum Stern zusammensetzen. Dabei den ersten Modulring mit roten Modulen zusammensetzen. Den zweiten Ring in Natur, den dritten und vierten in Rot, den fünften in Natur und den sechsten Ring wieder in Rot zusammensetzen.

3 Danach beim ersten Modulring die gegenüberliegenden Flügel mit einem Klecks Klebstoff zusammenkleben. Mit kleinen Wäscheklammern fixieren, bis der Klebstoff getrocknet ist. Das ist der Boden der Kugel.

4 Die restlichen Spitzen mit jeweils gegenüberliegenden Spitzen zusammenhalten und mit der Lochzange mittig lochen.

5 Beschriften Sie nun das Geschenkpapier oder die Faltblätter mit 24 Gedichten und Gutscheinen und binden Sie jeweils ein 30 cm langes Stück Organzaband um die aufgerollten Papiere. Danach 24 Sterne aus dem Tonkarton ausstanzen und mit einem Loch und einer Zahl versehen.

6 Nun die Bandenden an den Papierrollen von innen her jeweils durch die Löcher an den Modulen fädeln und auf der Oberseite verknoten. Auf ein Ende jeweils ein Sternchen fädeln und eine kleine Schleife binden. Da Sie 24 Geschenke, aber 25 Module zur Verfügung haben, setzen Sie auf eines der Module ein kleines Schild mit dem Namen des Beschenkten oder mit einem kleinen Adventsgruß.

Hinweis: Das Papier muss mindestens 15 cm x 15 cm groß sein und sollte eine Stärke von 110g/m^2.

Mein Tipp für Sie

Kleine Geschenke Wenn Sie kleine Geschenke am Adventskalender anbringen möchten, sollten Sie darauf achten, dass diese die Kugel nicht aus dem Gleichgewicht bringen. Angela Schmahl

Bezaubernde Sternkugeln

mit abgesenkten Spitzen

STERNDURCHMESSER
ca. 13–20 cm

MATERIAL
GROSSER STERN
* 30 Faltblätter in Rosa mit Paisleymuster, 10 cm x 10 cm

KLEINER GEPUNKTETER STERN
* 30 Faltblätter in Rosa-Rot gepunktet, 6,5 cm x 6,5 cm

KLEINER STERN MIT MUSTER
* 30 Faltblätter in Rosa gemustert, 6,5 cm x 6,5 cm

1 Zunächst gemäß der Anleitung auf Seite 31 (Schritt 1–3) jeweils 30 Basismodule anfertigen.

2 Das Modul mit der Vorderseite nach oben legen und die obere Spitze an der Kante nach unten falten. Die Spitze mit ca. 0,5 cm Abstand zur letzten Faltung nach oben falten. Die letzten beiden Faltungen wieder öffnen. Die Spitze leicht öffnen und sie dabei an den zuvor gefalteten Faltlinien im Gegenbruch nach innen stülpen. Die Papierhälften rechts und links wieder nach innen klappen. Nun das Ganze für die andere Modulhälfte wiederholen.

3 Danach die Module wie beim Aurelio-Stern auf Seite 9–15 zum Stern zusammensetzen.

2

Faszinierender Noni-Stern

der Stern, der nicht geklebt werden muss

Modul für Stern mit einfarbiger Vorderseite

1 Das Papier mit der Seite, die später zu sehen sein soll, nach oben auf den Tisch legen und die rechte Papierkante mittig auf die linke falten. Die nun obere linke Papierkante wieder zur Hälfte auf die rechte Papierkante falten. Die linke Kante ebenfalls zur Hälfte nach innen falten.

2 Nun das Papier zur Hälfte nach unten falten und diese Faltung wieder öffnen. Die rechte Papierkante mittig auf die linke Kante falten und nun die linke untere Spitze der obersten Papierlage diagonal nach rechts falten. Die Faltlinie erstreckt sich dabei von der Mittelfalte bis zur rechten oberen Ecke.

3 Diese letzte Faltung noch dreimal wiederholen. Danach das Papier wieder leicht öffnen – die rechte Hälfte darf komplett geöffnet werden.

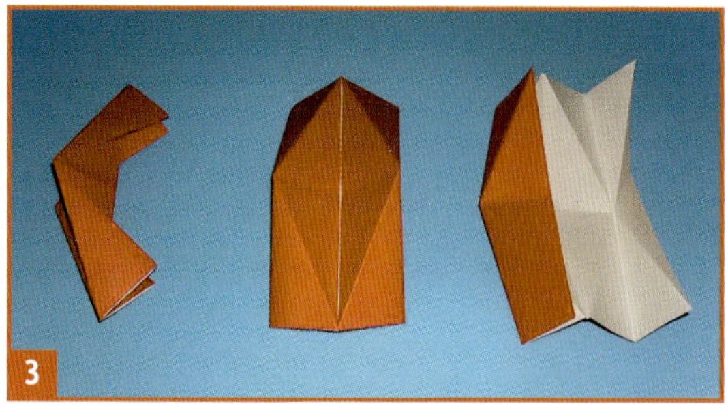

4 Nun die Faltlinien der rechten Papierhälfte im Gegenbruch nach hinten bzw. vorn falten und das Papier wie abgebildet wieder zusammenfalten.

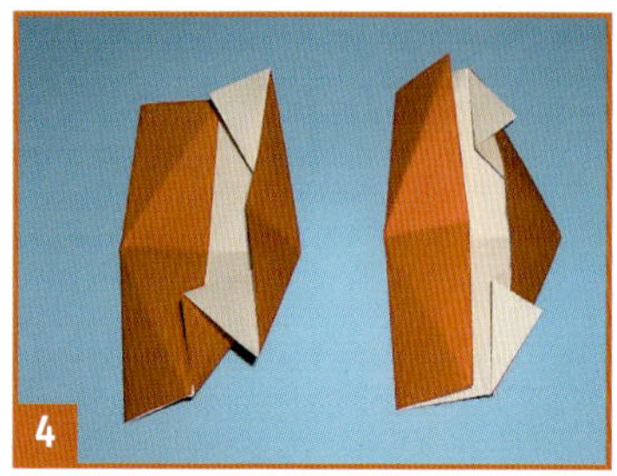

Zuletzt die Spitzen, die entstanden sind, so nach außen falten, dass sie nicht über den Rand hinausragen.

5 Hier sehen Sie, wie die einzelnen Module zusammengesteckt werden (Rückansicht). Die gerade Papierkante des Moduls wird zwischen die beiden

Papierlagen eines zweiten Moduls geschoben und anschließend wird die Spitze nach rechts umgeknickt. Auf diese Weise ergänzen Sie ein weiteres, drittes Modul und schließen diese drei Module zu einer Zacke.

Modul für Stern mit zwei-farbiger Vorderseite

1 Befolgen Sie die Faltanleitung für die Sterne mit einfarbiger Vorderseite auf Seite 46, 1–3 (nur erster Satz). Die beiden letzten Faltungen wieder öffnen ...

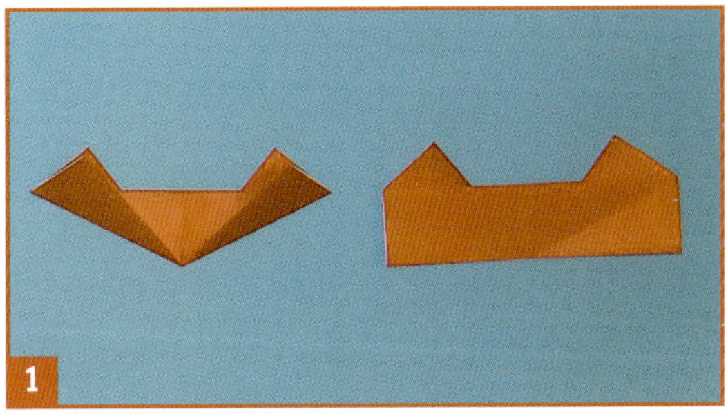

1

2 ... und die Ecken rechts und links unten auf die Faltlinie falten. Danach das Papier wenden und die beiden Spitzen oben nach unten auf die nächste Faltlinie falten. Die obere Papierhälfte wieder komplett öffnen. Nun die obere Kante zur Hälfte nach hinten klappen. Dabei erhält das Modul die typische Rautenform und auf der Rückseite zeigen die entstandenen Spitzen nach links.

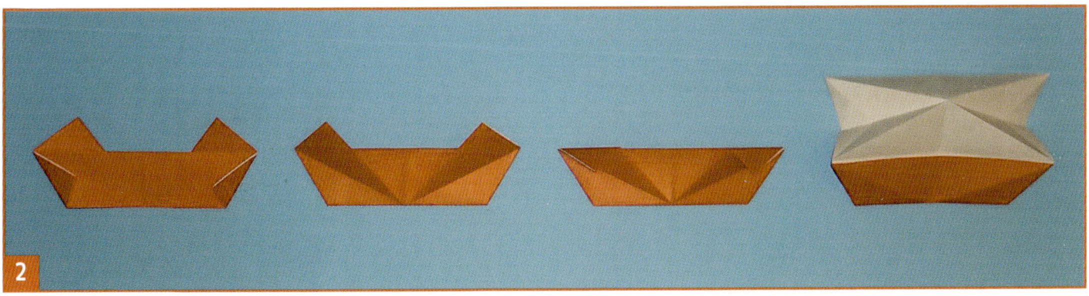

2

3 Hier sehen Sie, wie die einzelnen Module zusammengesteckt werden (Rückansicht). Die gerade Papierkante des Moduls zwischen die beiden Papierlagen eines zweiten Moduls schieben und anschließend die Spitze nach rechts umknicken. Damit die Module besser zusammenhalten, klappen Sie die umgeknickte Ecke unter die linke Papierlage. Auf diese Weise ergänzen Sie ein weiteres drittes Modul und schließen diese drei Module zu einer Zacke.

4 So sieht der Zacken von außen aus.

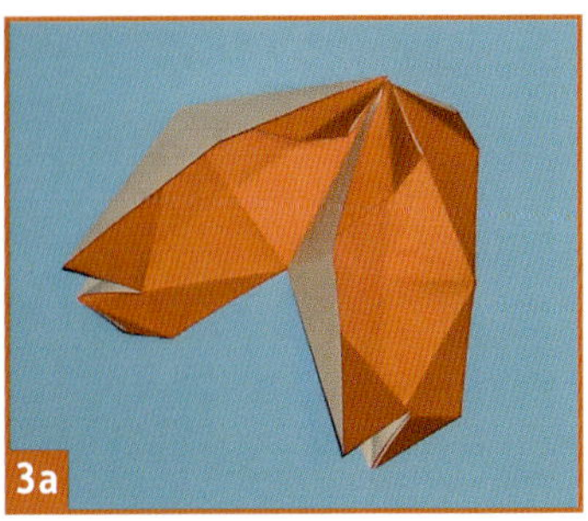

3a

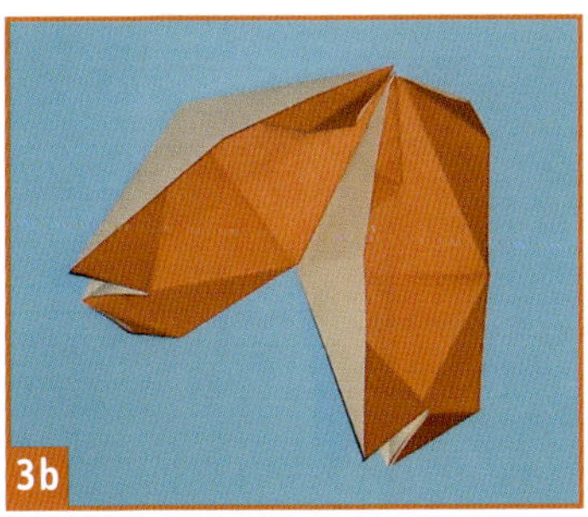

3b

4

Zweifarbiger Noni-Stern

in Rot-Weiß

STERNDURCHMESSER
25 cm

MATERIAL
* 24 Faltblätter Glücksstern in Rot-Weiß kariert (Rückseite gepunktet), 15 cm x 15 cm

1 Falten Sie zunächst die Module für einen Stern mit zweifarbiger Vorderseite wie auf Seite 47 beschrieben.

2 Arbeiten Sie auf diese Weise zwei Zacken und fügen Sie sie wie abgebildet an den oberen und unteren Modulteilen zusammen (Vorderseite zeigt nach unten).

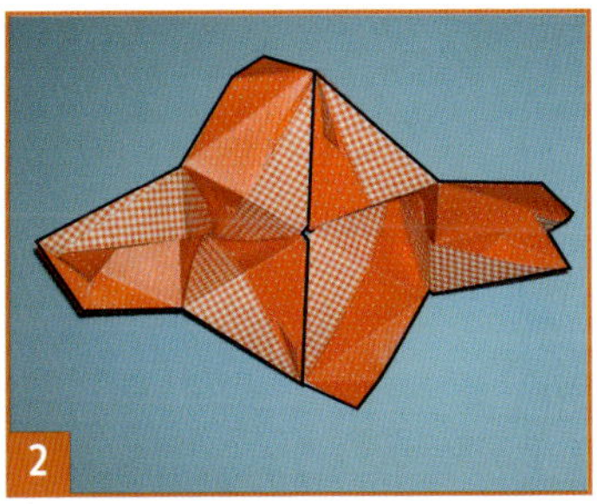
2

3 Fertigen Sie einen weiteren Zacken aus drei Modulen und fügen Sie ihn wie abgebildet rechts neben dem zweiten Zacken an. Verbinden Sie auch hier die zwei Zacken an zwei Modulhälften miteinander.

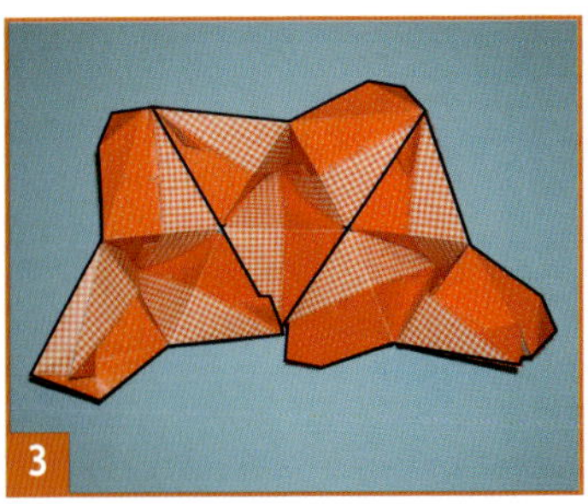
3

4 Ergänzen Sie nun einen vierten Zacken und fügen Sie ihn wie abgebildet rechts unterhalb des dritten Zackens an. Auch hier werden die zwei Zacken an zwei Stellen miteinander verbunden.

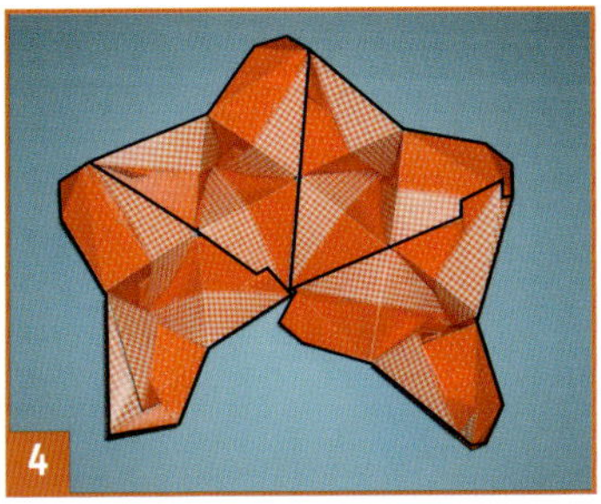
4

5 Schließen Sie nun die erste Sternhälfte an zwei Stellen (in der Mitte und am unteren Rand) zu einem geschlossenen Gebilde. In der Mitte entsteht dabei ein vierseitiger Zacken.

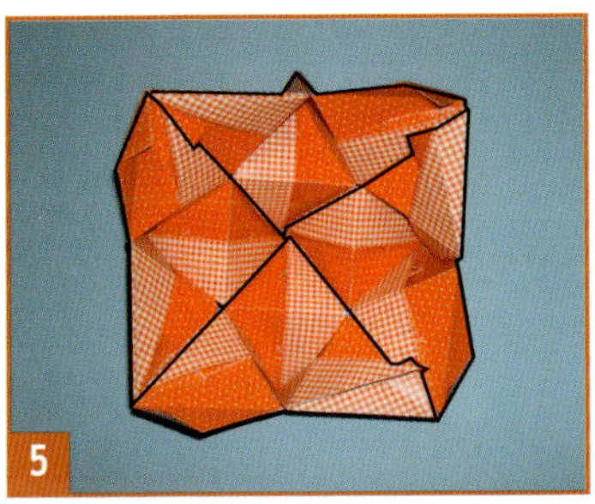
5

6 Arbeiten Sie auf diese Weise eine weitere geschlossene Sternhälfte.

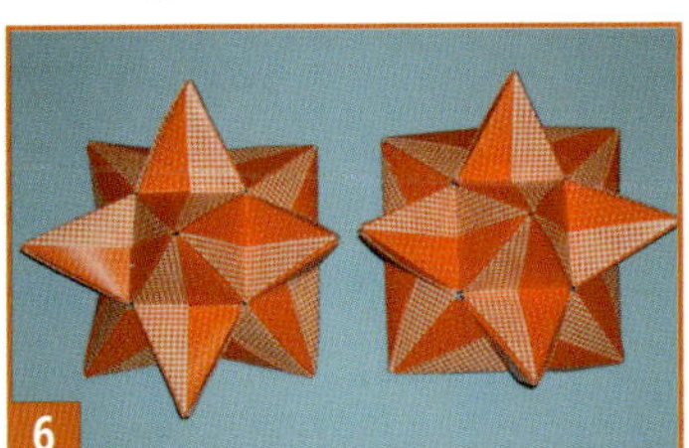
6

7 Und nun fügen Sie die beiden Sternhälften Modulhälfte für Modulhälfte zusammen. Beginnen Sie damit an einer beliebigen Stelle.

7

8 Gerade bei den letzten Modulhälften wird es etwas knifflig, aber mit etwas Geduld werden Sie es schon schaffen. Und fertig ist Ihr erster Noni-Stern.

8

Kleine Noni-Sterne

mit ungleichen Spitzen

STERN-DURCH-MESSER
ca. 24 cm

MATERIAL
* 24 Faltblätter Eisblume in Weiß-Türkis, 10 cm x 10 cm (aus 6 20 cm x 20 cm großen Faltblättern zugeschnitten)
* 24 Faltblätter Fancy in Weiß mit bunten Eiskristallen, 10 cm x 10 cm

Modul mit ungleichen Spitzen falten

1 Das Papier mit der Seite, die später zu sehen sein soll, nach unten auf den Tisch legen und die obere Papierkante mittig auf die untere falten. Das Papier wieder öffnen und die obere und untere Papierkante auf die Mittelfalte falten. Die obere Papierhälfte entlang der Mittelfalte nach unten klappen. Die obere Papierecke unten rechts nach oben auf die Papierkante falten.

1

2 Nun die obere Papierecke unten links nach oben falten, sodass sich von Ecke zu Ecke eine Diagonale bildet. Das gleiche in umgekehrter Reihenfolge auf der anderen Seite wiederholen. Die beiden ersten Faltungen öffnen und die Papierkanten rechts und links entlang der entstandenen Faltlinien nach innen falten.

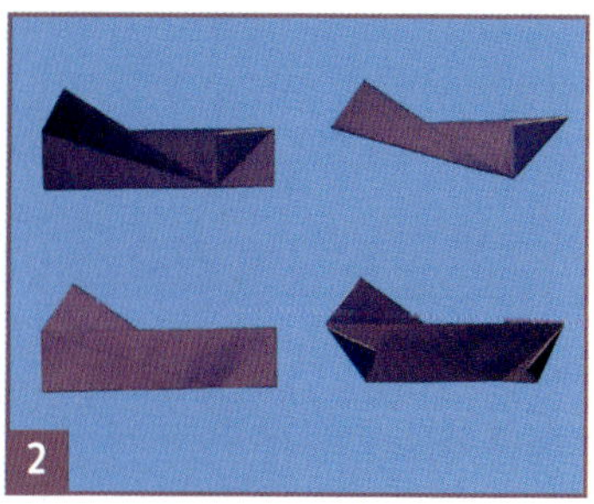
2

3 Das Papier nun wenden und die rechte obere Papierkante sowie die linke obere Papierkante an der unteren Faltung entlang nach unten falten. Danach die rechte Papierhälfte öffnen und die Faltlinien dieser Papierhälfte im Gegenbruch nach vorne falten und das Papier wie auf Seite 46, Schritt 4 zusammenfalten. Die linke, kurze Spitze am breitesten Punkt nach rechts falten und wieder öffnen. (Die folgenden Abbildungen zeigen Module für einen Stern mit zweifarbiger Vorderseite.)

3

4 Hier sehen Sie, dass die einzelnen Module zunächst an den kurzen Spitzen zusammengesteckt werden (Rückansicht). Die gerade Papierkante des Moduls wird dabei zwischen die beiden Papierlagen des zweiten Moduls geschoben und anschließend wird die Spitze nach rechts umgeknickt.

4

5 Auf diese Weise ergänzen Sie ein weiteres drittes Modul und schließen diese drei Module zu einer Zacke. So sieht der Zacken von außen aus (5b).

5a

5b

Stern zusammenstecken

1 Arbeiten Sie zunächst eine Sternhälfte mit 12 Modulen, indem Sie vier Zacken, jeweils zusammengesteckt aus drei Modulen, wie auf Seite 49 beschrieben zu einem geschlossenen Kreis zusammensetzen.

2 Danach eine zweite Sternhälfte fertigen und beide Hälften aufeinandersetzen und miteinander verbinden. Zum Schluss erhalten Sie einen Stern mit sechs langen vierseitigen Zacken und acht kurzen dreiseitigen Zacken.

Flache Sterne

in Silber-Blau

STERNDURCHMESSER
ca. 20 cm

MATERIAL
STERN MIT FÜNF ZACKEN
* 10 Faltblätter Gloria in Blau-Silber, 20 cm x 20 cm

STERN MIT ACHT ZACKEN
* 8 Faltblätter Gloria in Blau-Silber, 20 cm x 20 cm
* evtl. Holzwäscheklammern

Stern mit fünf Zacken

1 Die Module für einen Stern mit einfarbiger Vorderseite wie auf Seite 46 beschrieben falten.

2 Stecken Sie nun je fünf Module immer mit der oberen Hälfte zu einem Zacken zusammen. Arbeiten Sie auf diese Weise zwei Sternhälften.

3 Legen Sie beide Sternhälften aufeinander und verbinden Sie jeweils zwei Modulhälften zu einem Zacken. Dazu zunächst ganz normal die gerade Kante eines Moduls in den Schlitz des anderen Moduls stecken. Auf der anderen Seite klappen Sie die Spitze der geraden Kante etwas nach innen um und stecken das Papier in den Schlitz des anderen Moduls. So reihum fortfahren.

Stern mit acht Zacken

1 Die Module für einen Stern mit einfarbiger Vorderseite wie auf Seite 46 beschrieben falten.

2 Stecken Sie nun je vier Module immer mit der oberen Hälfte zu einem Zacken zusammen. Arbeiten Sie auf diese Weise zwei Sternhälften. Falten Sie danach bei den noch freistehenden Modulen die innenliegenden Dreiecke knapp um und falten Sie die gerade Papierkante darüber. Stecken Sie anschließend den überstehenden Rest in den Schlitz des Moduls.

3 Legen Sie nun beide Sternhälften versetzt aufeinander, fixieren Sie sie vielleicht mit kleinen Holzwäscheklammern und kleben Sie die beiden Sternhälften nacheinander rundherum mit Klebstoff aufeinander. Setzen Sie jedes Mal, nachdem Sie Klebstoff aufgetragen haben, die Klammern wieder an. So fällt Ihnen das Fixieren leichter.

Großer Eisblumen-Stern

mit ungleichen Spitzen

STERNDURCHMESSER
ca. 30 cm

MATERIAL
* 60 Faltblätter Eisblume in Weiß-Blau, 10 cm x 10 cm (aus 15 20 cm x 20 cm großen Faltblättern zugeschnitten)

Für diesen Stern 60 Module mit ungleichen Spitzen wie auf Seite 51 beschrieben falten.

Stern zusammenstecken

1 Zunächst immer drei Module zu einem kleinen Zacken (siehe auch Seite 51, Schritt 5) zusammenstecken. Danach immer zwei Zacken an jeweils zwei Modulhälften miteinander verbinden. Pro Sternhälfte insgesamt fünf Zackenpaare herstellen.

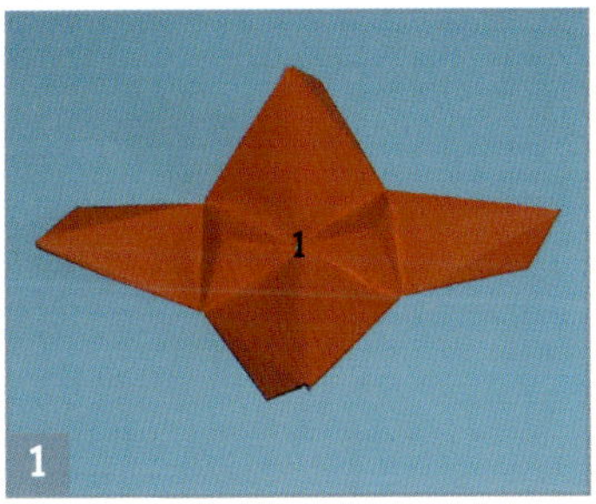

2 Nun werden zwei Zackenpaare kreisförmig miteinander verbunden, sodass sie in der Mitte einen weiteren langen Zacken bilden können.

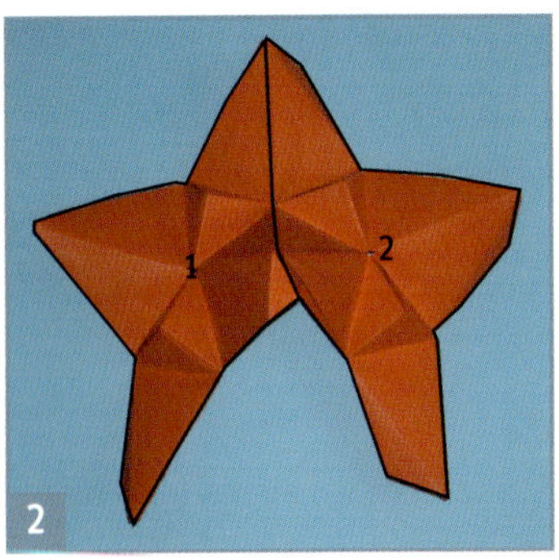

3 Als Nächstes das weitere Zackenpaar halb rechts oben ergänzen.

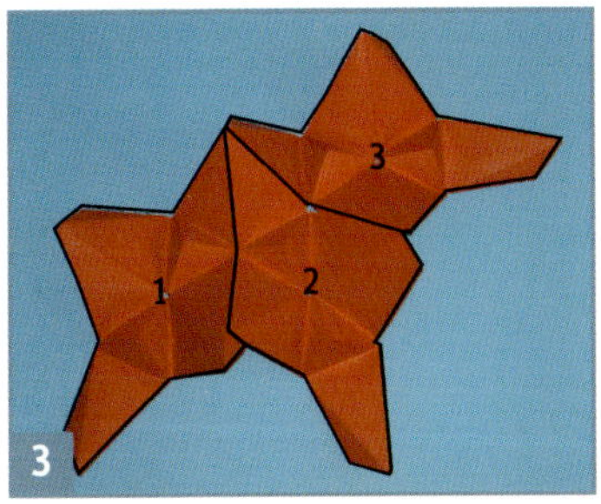

4 Nun links vom dritten Zackenpaar ein weiteres Paar ansetzen.

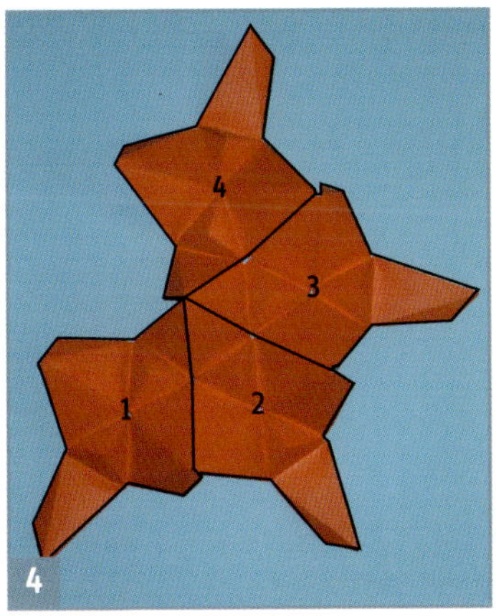

5 Und schließlich, um die erste Sternhälfte abzuschließen, das fünfte Zackenpaar ansetzen.

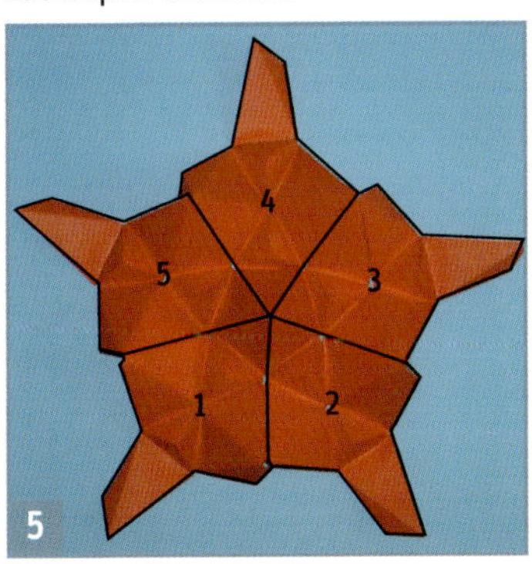

6 Nun zwischen dem zweiten und dritten Zackenpaar das sechste Zackenpaar wie abgebildet ergänzen.

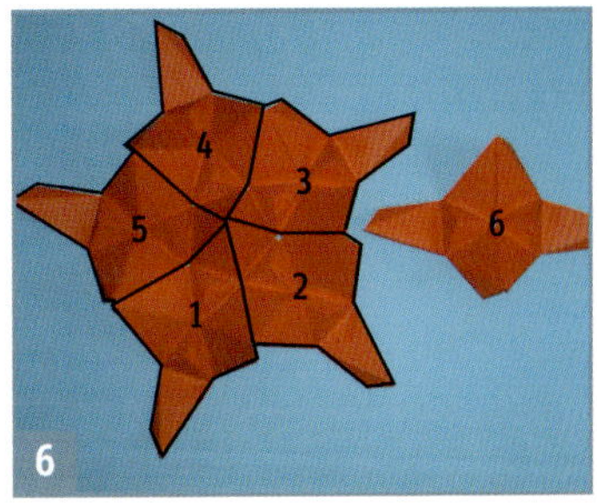

7 Weiter wie abgebildet die Zackenpaar ergänzen.

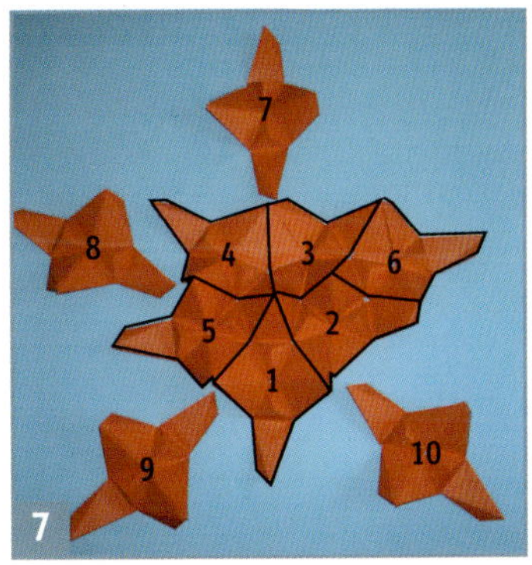

8 Richten Sie den Stern nun auf, bringen Sie ihn in die entsprechende Form und ergänzen Sie das letzte Zackenpaar. Die letzten Schritte sind nicht gerade einfach, hier benötigen Sie etwas Geduld. Am besten kleben Sie die letzten Laschen in die Schlitze.

Strahlender Prachtstern

aus Goldpapier

STERNDURCHMESSER
ca. 40 cm

MATERIAL
* 24 Faltblätter Goldrausch in Gold, 20 cm x 20 cm

1 Falten Sie für diesen Stern Module für einen Stern mit ungleichen Spitzen wie auf Seite 51 beschrieben.

2 Setzen Sie ihn anschließend wie auf Seite 51 (Stern zusammenstecken) beschrieben zusammen.

Mein Tipp für Sie

Dekoration Dieser Stern sieht hängend am schönsten aus.

Papierwahl Für diesen Stern sollten Sie starkes (mindestens 110g/m²) Papier wählen, da der Stern durch seine Größe recht schwer ist und ansonsten nicht diese Form behält. Dominik Meißner

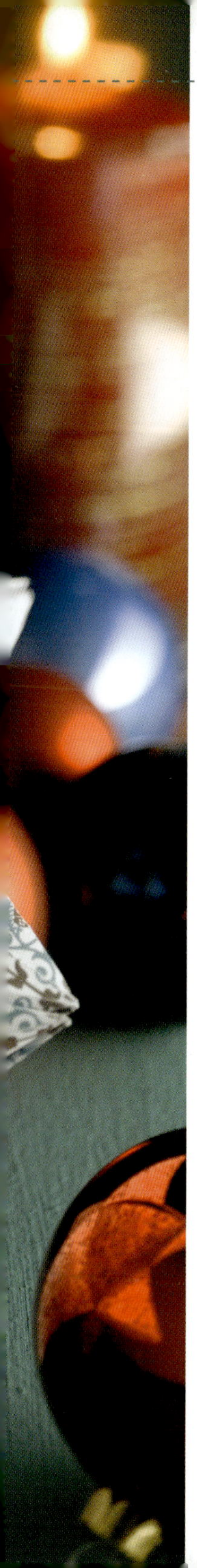

Ornamental

Noni-Stern mit gleichen Zacken

STERNDURCHMESSER
ca. 28 cm

MATERIAL
* 24 Faltblätter in Braun-Beige mit Ornamenten, 15 cm x 15 cm

1 Für diesen Stern falten Sie zunächst 24 Module für einen Stern mit einfarbiger Vorderseite, siehe Seite 46.

2 Setzen Sie die Module anschließend wie auf Seite 49 beschrieben zusammen.

Mein Tipp für Sie

Verwendung von Klebstoff Die Module dieses Sternes können ohne Klebstoff miteinander verbunden werden. Aber natürlich wird der Stern stabiler und behält länger seine Form, wenn Sie ihn mit Klebstoff arbeiten. **Dominik Meißner**

Stilvolle Schnörkel

in zartem Lila

STERNDURCHMESSER
ca. 25 cm

MATERIAL
* 24 Faltblätter Violetta in Lila, 15 cm x 15 cm

1 Für diesen Stern falten Sie zunächst 24 Module für einen Stern mit einfarbiger Vorderseite, siehe Seite 46.

2 Setzen Sie die Module anschließend wie auf Seite 49 beschrieben zusammen.

Hinweis: Im Unterschied zum Aurelio-Stern sieht man beim Noni-Stern keine Papierkanten an den Seitenteilen der Zacken.

Achtzackige kleine Sterne

in elegantem Rot und Beige

STERNDURCHMESSER
ca. 22 cm

MATERIAL
STERN IN ROT
* 12 Faltblätter Fleur d'or in Rot, 10 cm x 10 cm

STERNE IN BEIGE
* je 12 Faltblätter Shimmer paper Tunis in Beige-Gold, 10 cm x 10 cm

1 Für diese Sterne je 12 Module mit einfarbiger Vorderseite wie auf Seite 46 beschrieben falten.

2 Danach stecken Sie immer drei Module zu einem Zacken (siehe auch Seite 47, Schritt 4) zusammen. Ergänzen Sie einen zweiten Zacken, der ebenfalls aus drei Modulen zusammengesteckt wurde, rechts vom ersten Zacken jeweils an beiden Modulhälften.

3 Arbeiten Sie auf diese Weise eine zweite Sternhälfte, setzen Sie beide Hälften passgenau aufeinander und verbinden Sie dann beide nach und nach miteinander.

Mein Tipp für Sie

Dekoration Diese Sterne sehen aufgehängt am schönsten aus. **Dominik Meißner**

Armin Täubner

Angela Schmahl

Dominik Meißner

TOPP – Unsere Servicegarantie

WIR SIND FÜR SIE DA! Bei Fragen zu unserem umfangreichen Programm oder Anregungen freuen wir uns über Ihren Anruf oder Ihre Post. Loben Sie uns, aber scheuen Sie sich auch nicht, Ihre Kritik mitzuteilen – sie hilft uns, ständig besser zu werden.

Bei Fragen zu einzelnen Materialien oder Techniken wenden Sie sich bitte an unseren Kreativservice, Frau Erika Noll.

mail@kreativ-service.info
Telefon 0 50 52 / 91 18 58

Das Produktmanagement erreichen Sie unter:

pm@frechverlag.de
oder:
frechverlag
Produktmanagement
Turbinenstraße 7
70499 Stuttgart
Telefon 07 11 / 8 30 86 68

LERNEN SIE UNS BESSER KENNEN! Fragen Sie Ihren Hobbyfach- oder Buchhändler nach unserem kostenlosen Kreativmagazin **Meine kreative Welt.** Darin entdecken Sie die neuesten Kreativtrends und interessantesten Buchneuheiten.

Oder besuchen Sie uns im Internet! Unter **www.topp-kreativ.de** können Sie sich über unser umfangreiches Buchprogramm informieren, unsere Autoren kennenlernen sowie aktuelle Highlights und neue Kreativtechniken entdecken, kurz – die ganze Welt der Kreativität.

Kreativ immer up to date sind Sie mit unserem monatlichen **Newsletter** mit den aktuellsten News aus dem frechverlag, Gratis-Bastelanleitungen und attraktiven Gewinnspielen.

IMPRESSUM

MODELLE: Dominik Meißner (Seite 46–63), Angela Schmahl (Seite 30–45), Armin Täubner (Seite 6–29)

FOTOS: frechverlag GmbH, 70499 Stuttgart; Armin Täubner (Schrittbilder auf Umschlagklappe und Seite 6–29); Angela Schmahl (Schrittbilder Seite 30–45, Fotos Seite 31–64); Dominik Meißner (Schrittbilder Seite 46–63 und Foto Seite 64); lichtpunkt, Michael Ruder (alle übrigen)

PRODUKTMANAGEMENT/LEKTORAT: Katrin Hartmann, Claudia Mack und Tina Herud

LAYOUT: Sophia Höpfner

DRUCK: Korotan, Slowenien

FILMPRODUKTION: teamWerk. Die FilmProduktion GmbH, Stuttgart

Auflage:	8.	7.	6.	5.	4.	
Jahr:	2016	2015	2014	2013	2012	[Letzte Zahlen maßgebend]

ISBN 978-3-7724-3921-6 • Best.-Nr. 3921

DANKE!

Die Autoren danken den Firmen Ludwig Bähr, Kassel, nice papers, Berlin, und Marpa Jansen, Mönchengladbach, für die freundliche Bereitstellung von Material.

Überarbeitete und erweiterte Ausgabe von TOPP 3857.